Mario Delmonte

IL MODELLO NUMERICO ECMWF

IL MODELLO METEOROLOGICO NON DICE MAI LA PURA VERITA',PER LA SUA STESSA INTRINSECA NATURA.

LO STATO DELL'ATMOSFERA SUBIRA' UN'EVOLUZIONE IN MODO QUASI SEMPRE DIVERSO DA QUELLO PREVISTO DAL MODELLO.

NEL BACINO DEL MEDITERRANEO,AD ESEMPIO,LA STIMA DELLA VELOCITA' DEL VENTO PREVISTA TENDE AD ESSERE INFERIORE AL DATO REALE,PER EVIDENTI FONTI DI ERRORE NELLE ELABORAZIONI DEI DATI DEL CENTRO DI CALCOLO PREPOSTO A QUESTO TIPO DI OPERAZIONI.

INFATTI I REQUISITI RICHIESTI PER LA REALIZZAZIONE DI UNA PREVISIONE NUMERICA SONO QUELLI DI PREPARARE IN MODO OTTIMALE LE CONDIZIONI INIZIALI E DI POTER DISPORRE DI UN'ADEGUATA RISOLUZIONE VERTICALE E ORIZZONTALE.

IL DATO INIZIALE DI OSSERVAZIONE E' QUINDI DI CAPITALE IMPORTANZA,TUTTAVIA LA DISTRIBUZIONE DEI PUNTI DI OSSERVAZIONE E' MOLTO VARIABILE E CIO' PREGIUDICA PARZIALMENTE L'ESITO POSITIVO DI UNA PREVISIONE.

DAL CONTRIBUTO DELLE OSSERVAZIONI REALI INTEGRATE CON LE PREVISIONI A SCADENZA DI 3-6 ORE,SI PROCEDE AL PROCESSO DI INIZIALIZZAZIONE DEL MODELLO NUMERICO.

VENGONO ANALIZZATE LE DIVERGENZE TRA OSSERVAZIONI REALI E LA STIMA DEI PARAMETRI METEOROLOGICI,APPORTANDO COSI' ULTERIORI LIEVI CORREZIONI ALLA PREVISIONE,MIGLIORANDO AD OGNI SUCCESSIVO PROCESSO DI ANALISI LA QUALITA'.

OGNI PROCESSO SUCCESSIVO DARA' AVVIO AD UNA NUOVA PREVISIONE E QUINDI UN NUOVO CICLO E POICHE' I LIMITI DELLA RETE DI MISURAZIONI NON PERMETTONO DI OTTENERE UNA PRECISIONE COMPLETAMENTE CONNESSA ALLA SITUAZIONE REALE.

L'ANALISI DEI DATI DEVE RICADERE IN UN AMBITO DI CONDIZIONI ALTAMENTE PROBABILI,QUINDI SE IL MODELLO SI DISTACCA TROPPO DALLA REALTA',I DATI DEVONO ESSERE RIPORTATI IN UN CONTESTO PIU' ATTENDIBILE.

LOGICAMENTE L'ATTENDIBILITA' DI UN MODELLO NUMERICO E' ALTA SOLO NEI PRIMI 3-4 GIORNI,PIU' SI ALLONTANA LA SCADENZA DELLA PREVISIONE E PIU' LA QUALITA' DIMINUISCE.

SI FORNISCE UN ESEMPIO PRATICO DI QUESTO PROCESSO DI ASSIMILAZIONE DEI DATI.

VIENE COMPIUTA UN'OSSERVAZIONE DA AEREI CHE INDICA VENTO DA SUD CON VELOCITA' DI 40 NODI,SI EFFETTUA UN CONTROLLO CON I DATI GREZZI.

VENGONO INCREMENTATE LE OSSERVAZIONI,IL DATO SUBISCE UN MUTAMENTO,IL VENTO HA RUOTATO LEGGERMENTE E PROVIENE DA SUD-EST CON VELOCITA' DI 15-20 NODI.

VIENE COMPIUTO UN CONTROLLO DI QUALITA' SULL'INCREMENTO DEI DATI,VIENE APPLICATO IL MODELLO DI PREVISIONE E LA SUCCESSIVA PREVISIONE A BREVE SCADENZA FORNISCE IL SEGUENTE RESPONSO:

VENTO DA SUD-OVEST CON VELOCITA' DI 30-35 NODI.

IL DATO INIZIALE DI OSSERVAZIONE E' DI CAPITALE IMPORTANZA PER LA REDAZIONE DI UN MODELLO ATTENDIBILE,TUTTAVIA COME ABBIAMO GIA' RIPETUTO,LA

DISTRIBUZIONE DEI PUNTI NON E'
UNIFORME SUL TERRITORIO,E CIO'
COSTITUISCE UNA LIMITAZIONE NEL
BUON ESITO DELLA PREVISIONE.

QUESTI PUNTI DI OSSERVAZIONE
SULLA TERRA SUPERANO LE 15000
UNITA' E HANNO LA MAGGIORE
CONCENTRAZIONE NEL CONTINENTE
EUROPEO E IN QUELLO ASIATICO,IN
OCEANO SI HA UNA MAGGIORE
CARENZA E SI ARRIVA AD APPENA
3000 BOE.

A QUESTE OSSERVAZIONI SI DEVONO
AGGIUNGERE OLTRE 37000
OSSERVAZIONI DA AEREI,600 DA
RADIOSONDE E OLTRE 300000 DA
SATELLITE TRAMITE SENSORI
TERMICI.

NEL 1973 FU ISTITUITO IL CENTRO
EUROPEO PER LE PREVISIONI A MEDIO
TERMINE(ECMWF) A READING NEL
REGNO UNITO.

NEL 1979 FU EFFETTUATA LA PRIMA PREVISIONE A MEDIO TERMINE CON SCADENZA FINO A 7 GIORNI SU UN COMPUTER CRAY1,IL TEMPO DI CALCOLO SI AGGIRAVA SULLE 5 ORE.

IL PRESTIGIOSO MODELLO DEL CENTRO EUROPEO E' UN MODELLO GLOBALE MA CON UNA RISOLUZIONE ORIZZONTALE PIU' SPINTA DI QUALSIASI ALTRO MODELLO(APPENA 16 KM DOPO GLI ANNI 2000).

LE CARATTERISTICHE PIU' SPICCATE DI QUESTO PRODOTTO SONO I 60 LIVELLI VERTICALI TRA IL SUOLO E I 70 KM DI ALTEZZA,PROSPETTIVE DELL'EVOLUZIONE METEOROLOGICA FINO A 10 GIORNI A CADENZA DI 6 ORE IN 6 ORE,PREVISIONI SPERIMENTALI FINO A 30 GIORNI E PER ALCUNE AREE DEL PIANETA PREVISIONI STAGIONALI,IN QUEST'ULTIMO CASO CON UN'ATTENDIBILITA' MOLTO BASSA.

IL CENTRO USA COMUNEMENTE,COME MISURA DELL'ACCURATEZZA DELLA PREVISIONE DEL MODELLO,UN INDICE CHE SPAZIA DA 1 (PREVISIONE PERFETTA) A 0 (PREVISIONE COMPLETAMENTE FALLITA).

UNA PREVISIONE HA UN'UTILITA' PRATICA QUANDO IL VALORE DELL'INDICE E' SUPERIORE A 0.6.

IN GENERALE L'INDICE DELLA PREVISIONE HA I VALORI PIU' ALTI A BREVE SCADENZA,QUANDO SI E' PIU' VICINI ALLA CONDIZIONE INIZIALE,QUESTI VALORI DIMINUISCONO GRADUALMENTE CON IL PROLUNGAMENTO DEI TEMPI DELLA PREVISIONE.

UNA PREVISIONE A 10 GIORNI E' QUINDI PIU' DIFFICOLTOSA,GLI ESPERIMENTI DELLO SCIENZIATO MIYAKODA ASSERIVANO CHE IL VALORE SOGLIA DELL'INDICE CORRISPONDENTE A 0.6(PREVISIONE SODDISFACENTE)SI SAREBBE

MANTENUTO SOLTANTO FINO A 4 GIORNI.

AL CONTRARIO LE PRESTAZIONI DEL MODELLO ECMWF SI SONO RIVELATE SUPERIORI ALLE ASPETTATIVE,INFATTI DAL 1980 AL 1995 IL GIORNO LIMITE DI PREDICIBILITA' E' SALITO DA UN VALORE DI 5.5 A QUELLO DI 7.1.

IN PERIODI PIU' RECENTI ,TRA IL 2005 E IL 2008,LE PREVISIONI SI SONO MANTENUTE AFFIDABILI FINO AD UNA SOGLIA DI 8-9 GIORNI.

NEL 2001 IL CENTRO DI PREVISIONI EUROPEO SI E' DOTATO DI UN SUPERCOMPUTER IBM CLUSTER 1600 CON UNA POTENZA SUPERIORE DI BEN 64000 VOLTE RISPETTO AL PRECEDENTE.

IL TEMPO DI CALCOLO PER UNA PREVISIONE A 10 GIORNI E' INFERIORE ALLE 2 ORE,CON OLTRE

20000 MILIARDI DI OPERAZIONI AL SECONDO.

VENGONO DI SEGUITO ESPOSTE LE PRESTAZIONI DEL MODELLO ECMWF IN TERMINI DI PREVISIONE DEL GEOPOTENZIALE A 500 HPA SULL'EUROPA E AGGIORNAMENTI SULLE VERIFICHE DELLE PREVISIONI REGIONALI RIGUARDANTI L'EMILIA-ROMAGNA.

ANNO 1980

GENNAIO	5.6
FEBBRAIO	5.8
MARZO	5.6
APRILE	4.8
MAGGIO	5.2
GIUGNO	5.2
LUGLIO	5.0
AGOSTO	5.7
SETTEMBRE	5.3
OTTOBRE	6.0
NOVEMBRE	6.3
DICEMBRE	5.7

ANNO 1985

GENNAIO	6.7
FEBBRAIO	7.3
MARZO	6.1
APRILE	6.4
MAGGIO	6.5
GIUGNO	6.2
LUGLIO	5.7
AGOSTO	6.2
SETTEMBRE	6.3
OTTOBRE	7.5
NOVEMBRE	6.4
DICEMBRE	6.6

ANNO 1990

GENNAIO	7.4
FEBBRAIO	8.7
MARZO	6.0
APRILE	6.9
MAGGIO	5.7
GIUGNO	6.8
LUGLIO	5.9
AGOSTO	6.0
SETTEMBRE	5.6
OTTOBRE	6.8
NOVEMBRE	7.5
DICEMBRE	7.4

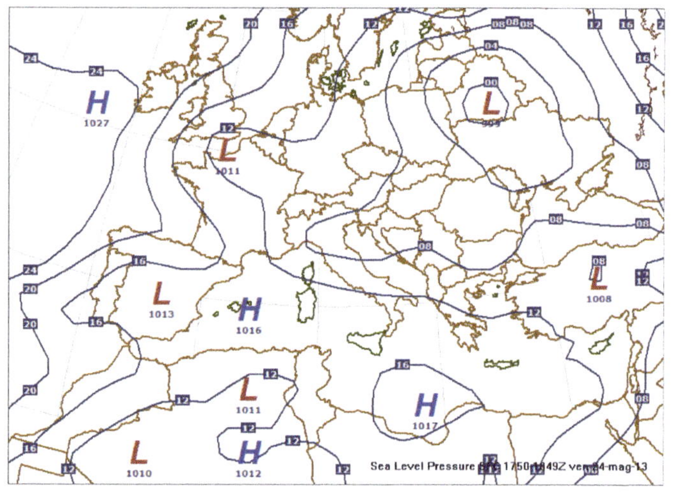

Sea Level Pressure ora 17:50 049Z ven 04-mag-13

ANNO 1991

GENNAIO	6.9
FEBBRAIO	5.4
MARZO	5.7
APRILE	6.3
MAGGIO	6.2
GIUGNO	5.5
LUGLIO	6.5
AGOSTO	5.5
SETTEMBRE	6.2
OTTOBRE	6.4
NOVEMBRE	6.5
DICEMBRE	6.6

ANNO 1992

GENNAIO	5.9
FEBBRAIO	6.3
MARZO	5.4
APRILE	7.0
MAGGIO	5.3
GIUGNO	5.2
LUGLIO	5.6
AGOSTO	6.4
SETTEMBRE	6.5
OTTOBRE	6.4
NOVEMBRE	6.5
DICEMBRE	7.0

ANNO 1993

GENNAIO	6.0
FEBBRAIO	6.0
MARZO	6.1
APRILE	6.1
MAGGIO	6.2
GIUGNO	6.0
LUGLIO	5.8
AGOSTO	5.8
SETTEMBRE	5.9
OTTOBRE	5.9
NOVEMBRE	6.0
DICEMBRE	6.1

ANNO 1994

GENNAIO	6.3
FEBBRAIO	6.2
MARZO	6.2
APRILE	6.1
MAGGIO	6.0
GIUGNO	6.0
LUGLIO	6.1
AGOSTO	6.2
SETTEMBRE	6.2
OTTOBRE	6.3
NOVEMBRE	6.4
DICEMBRE	6.5

ANNO 2010

GENNAIO	7.9
FEBBRAIO	10.0
MARZO	9.6
APRILE	8.8
MAGGIO	7.7
GIUGNO	7.5
LUGLIO	8.5
AGOSTO	7.5
SETTEMBRE	7.9
OTTOBRE	7.4
NOVEMBRE	9.5
DICEMBRE	7.7

VERIFICHE DELLE PREVISIONI APPLICATE A LIVELLO REGIONALE EMILIA-ROMAGNA

L'INDICE DI ACCURATEZZA RAPPRESENTA LA PERCENTUALE DI PREVISIONI CORRETTE SULLA PIOGGIA

INVERNO 2009-2010

PREVISIONE A 48 ORE PER IL MATTINO : 86%

PREVISIONE A 48 ORE PER IL POMERIGGIO : 85%

PREVISIONE A 72 ORE PER IL MATTINO : 80%

PREVISIONE A 72 ORE PER IL POMERIGGIO : 79%

<u>INVERNO 2009-2010</u>

PRECIPITAZIONI PREVISTE

CON

QUANTITATIVI DEBOLI

PERCENTUALE DI PREVISIONI

CORRETTE : 70%

PERCENTUALE DI PREVISIONI

SOVRASTIMATE : 15%

PERCENTUALE DI PREVISIONI

SOTTOSTIMATE : 0%

PERCENTUALE DI PREVISIONI

ERRATE : 15%

<u>INVERNO 2009-2010</u>

PRECIPITAZIONI PREVISTE

CON

QUANTITATIVI MODERATI

PERCENTUALE DI PREVISIONI
CORRETTE : 75%

PERCENTUALE DI PREVISIONI
SOVRASTIMATE : 0%

PERCENTUALE DI PREVISIONI
SOTTOSTIMATE : 25%

PERCENTUALE DI PREVISIONI
ERRATE : 0%

NOTA ESPLICATIVA

GLI EVENTI DI PIOGGIA DEBOLE SONO CONSIDERATI QUELLI FRA 1 E 15 MM.

GLI EVENTI DI PIOGGIA MODERATA SONO CONSIDERATI QUELLI CON QUANTITATIVI COMPRESI FRA 16 E 35 MM.

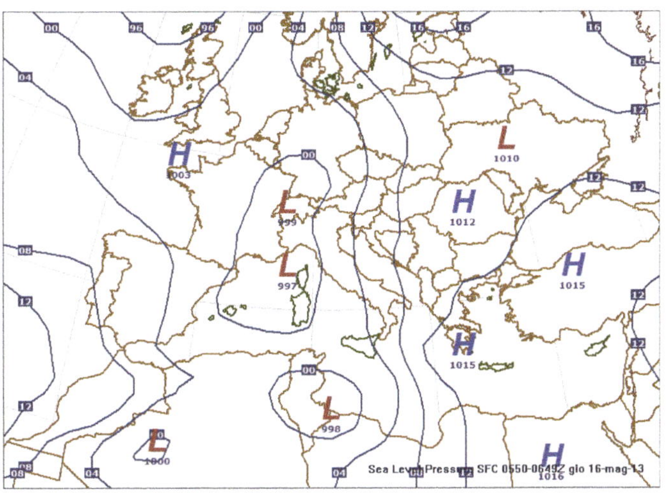

<u>INVERNO 2009-2010</u>
<u>PREVISIONE TEMPERATURE</u>

ERRORE TEMPERATURA MINIMA

PREVISTA A 24 ORE : 2.7

ERRORE TEMPERATURA MINIMA

PREVISTA A 48 ORE : 2.7

ERRORE TEMPERATURA MASSIMA

PREVISTA A 24 ORE : 2.9

ERRORE TEMPERATURA MASSIMA

PREVISTA A 48 ORE : 2.7

<u>PRIMAVERA 2010</u>
<u>INDICE DI ACCURATEZZA</u>
<u>SULLE PREVISIONI DI PIOGGIA</u>

PREVISIONE PER IL MATTINO

A 48 ORE : 82%

PREVISIONE PER IL MATTINO

A 72 ORE : 78%

PREVISIONE PER IL POMERIGGIO

A 48 ORE : 79%

PREVISIONE PER IL POMERIGGIO

A 72 ORE : 78%

<u>PRIMAVERA 2008</u>

<u>PREVISIONE TEMPERATURE</u>

<u>ERRORE MEDIO</u>

<u>PREVISIONE A 24 ORE</u>

TEMPERATURE MINIME   2.8

TEMPERATURE MASSIME   3.6

<u>PREVISIONE A 48 ORE</u>

TEMPERATURE MINIME   2.7

TEMPERATURE MASSIME   3.9

<u>PRIMAVERA 2014</u>

<u>PREVISIONE TEMPERATURE</u>

<u>ERRORE MEDIO</u>

<u>PREVISIONE A 24 ORE</u>

TEMPERATURE MINIME   1.3

TEMPERATURE MASSIME   1.5

<u>PREVISIONE A 48 ORE</u>

TEMPERATURE MINIME   1.2

TEMPERATURE MASSIME   1.4

I DATI FANNO RIFERIMENTO
ALL'AREA GEOGRAFICA DI BOLOGNA E
MOSTRANO NELL'ARCO DI TEMPO DI 6
ANNI UN SIGNIFICATIVO
MIGLIORAMENTO NELL'ESITO DELLA
PREVISIONE TERMICA CON UN
GUADAGNO SULL'ERRORE DA 1 A 2
GRADI.

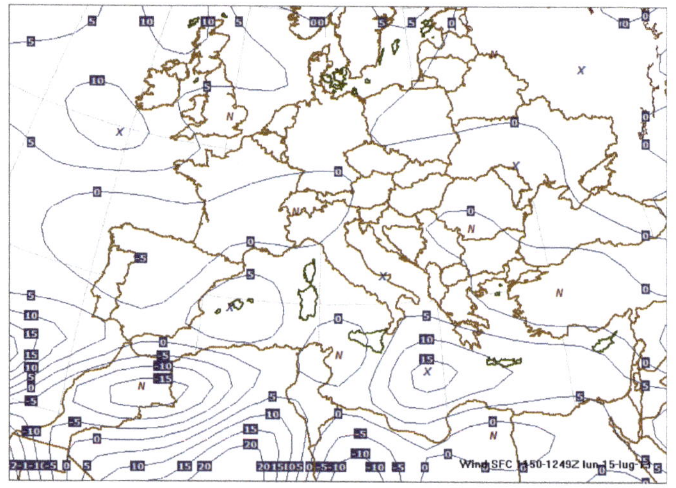

Wind SFC 1150-1249Z lun 15-lug-13
2015105

VERIFICA PREVISIONI
DELLA
PRESSIONE ATMOSFERICA
SULLA REGIONE
EMILIA-ROMAGNA

ERRORE MEDIO
DEI
CAMPI PREVISTI
CON
IL MODELLO ECMWF

I VALORI SONO ESPRESSI IN
ECTOPASCAL UNITA' DI MISURA
DELLA PRESSIONE,CHE HA
SOSTITUITO IL VECCHIO MILLIBAR.

ANNO 2012

PREVISIONE A 24 ORE : +6 HPA

PREVISIONE A 48 ORE : +5 HPA

PREVISIONE A 72 ORE : +7 HPA

PREVISIONE A 96 ORE : +6 HPA

PREVISIONE A 120 ORE : +8 HPA

PREVISIONE A 144 ORE : +7 HPA

PREVISIONE A 168 ORE : +9 HPA

PREVISIONE A 192 ORE : +10 HPA

PREVISIONE A 216 ORE : +8 HPA

PREVISIONE A 240 ORE : +7 HPA

ATTENDIBILITA' DEI MODELLI NUMERICI AD AREA LIMITATA

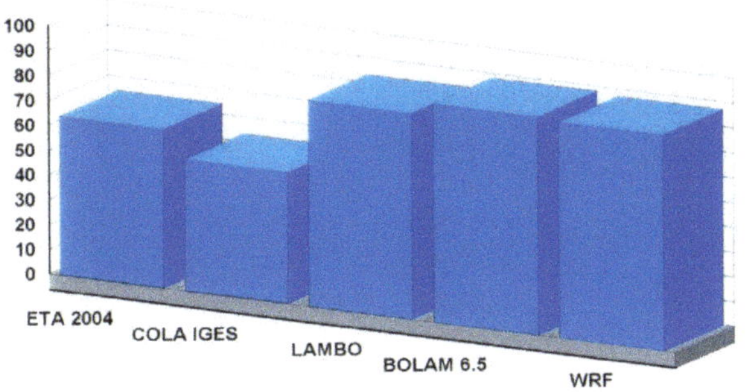

Titolo | Il modello numerico ECMWF
Autore | Mario Delmonte

ISBN | 978-88-91195-17-3

Youcanprint Self-Publishing
Via Roma, 73 - 73039 Tricase (LE) - Italy
www.youcanprint.it
info@youcanprint.it
Facebook: facebook.com/youcanprint.it
Twitter: twitter.com/youcanprintit

Finito di stampare nel mese di Giugno 2015
per conto di Youcanprint Self-Publishing